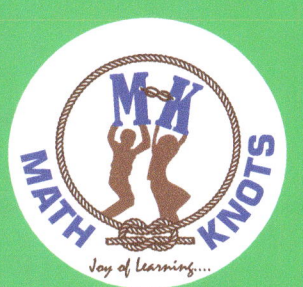

My Book

This book belongs to

Name:_____

Copy right © 2019 MATH-KNOTS LLC

All rights reserved, no part of this publication may be reproduced, stored in any system or transmitted in any form, or by any means, electronic, mechanical, photocopying, recording, or otherwise without the written permission of MATH-KNOTS LLC.

Cover Design by :
MATH-KNOTS LLC

First Edition :
December, 2019

Author:
Gowri Vemuri

Questions: mathknots.help@gmail.com

* NNAT® and Naglieri Nonverbal Abilities Test ® are registered trademarks of Riverside Publishing company

(A Houghton Mifflin Harcourt company) is neither affiliated, nor sponsors or endorses this product.

Dedication

This book is dedicated to:
My Mom, who is my best critic, guide and supporter.
To what I am today, and what I am going to become tomorrow,
is all because of your blessings, unconditional affection and support.

This book is dedicated to the
strongest women of my life,
my dearest mom
and
to all those moms in this universe.

G.V.

What is NNAT ?

The Naglieri Nonverbal Ability Test (NNAT) is a group nonverbal ability test. These tests serve as a measure for identifying and placing students of K-12 for gifted and talented or Advanced Academic programs in many schools across USA.

The NNAT test is based on complex geometric shapes and figures to evaluate problem-solving and reasoning abilities of a child.

The test doesn't require mastery of any language, quantitative aptitude and Reading skills and uses minimum directions to solve the questions. The test measures the advanced levels of reasoning abilities of the child.

There are 4 types of questions on the NNAT test:

Pattern completion: Students Identify the missing portion of the given picture.
Reasoning by analogy: Relationship between the abstract geometric shapes is identified
Serial reasoning: A sequence of shapes, objects are identified

Example: the pattern is 1 ,2,3 then next row is
either 3 , 2, 1 or 2, 3, 1 and the third row is 2, 3, 1 or 3 , 2, 1 based on second row choice.
NOTE: NO two rows will have the same pattern

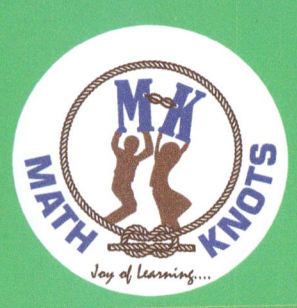

What is NNAT ?

Spatial visualization: Two or more objects are combined to form a new object

Level	Grade	Pattern Completion	Analogy	Serial Reasoning	Spatial Visualization	Total
A	K	30	8			38
B	1	19	13	6		38
C	2	10	12	11	5	38
D	3-4	6	10	8	14	38
E	5-6	5	6	8	19	38
F	7-9	2	10	8	18	38
G	10-12		7	7	24	38

 **TEST STRATEGIES**

HOW TO BUBBLE

Start from the middle of right choice and fully fill the bubble completely.

Wrong

A    B ◯   C ◯   D ◯

Wrong

A ◯   B ◯   C    D ◯

Wrong

A ◯   B ◯   C    D ◯

Partial Filled Bubble is not correct.

Correct

A ◯   B ◯   C ●   D ◯

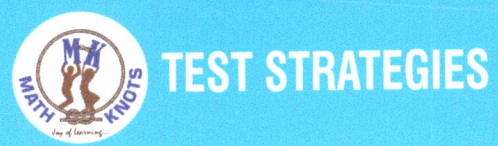 **TEST STRATEGIES**

TIPS TO PREPARE

PREPARATION FOR THE TEST

1. To simulate the testing format, a parent or an adult shall read the questions to the student to answer the practice test sets.

2. Student need to have a pencil and an eraser.

3. Student need to make sure they are bubbling the circles in the right way.

Before the testing date.

1. Make sure the child has a good nights sleep and a good breakfast.

Index

Topic and page numbers

Name	Page number
Preface	1 - 12
Pattern Completion Test 1	13 - 22
Reason by analogy Test 1	23 - 32
Serial reasoning Test 1	33 - 42
Pattern Completion Test 2	43 - 52
Reason by analogy Test 2	53 - 62
Serial reasoning Test 2	63 - 72
Answer Keys	73 - 82

NNAT
Pattern Completion

**GRADE - 1
Test 1**

1)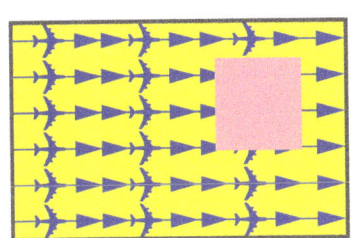

   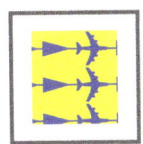      

(A) ○   (B) ○   (C) ○   (D) ○

2)

(A) ○   (B) ○   (C) ○   (D) ○

3)

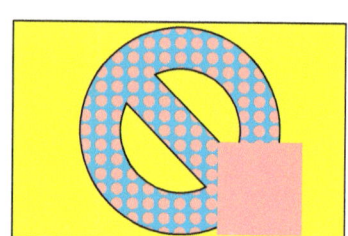

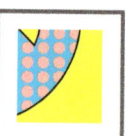

4)

GRADE - 1
Test 1

5)
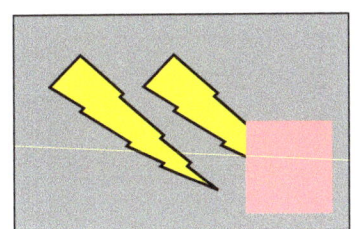

(A) ○   (B) ○   (C) ○   (D) ○

6)

   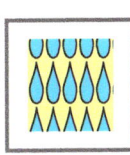      

(A) ○   (B) ○   (C) ○   (D) ○

NNAT
Pattern Completion

**GRADE - 1
Test 1**

7)

(A) ○   (B) ○   (C) ○   (D) ○

8)
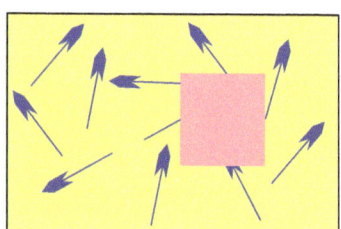

(A) ○   (B) ○   (C) ○   (D) ○

NNAT
Pattern Completion

**GRADE - 1
Test 1**

9)

(A) ○   (B) ○   (C) ○   (D) ○

10)

(A) ○   (B) ○   (C) ○   (D) ○

**GRADE - 1
Test 1**

11)

(A) ○   (B) ○   (C) ○   (D) ○

12)
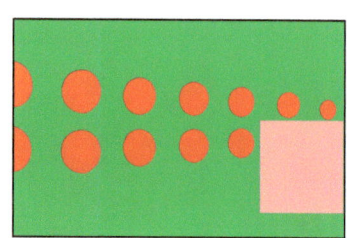

(A) ○   (B) ○   (C) ○   (D) ○

NNAT Pattern Completion

GRADE - 1 Test 1

13)
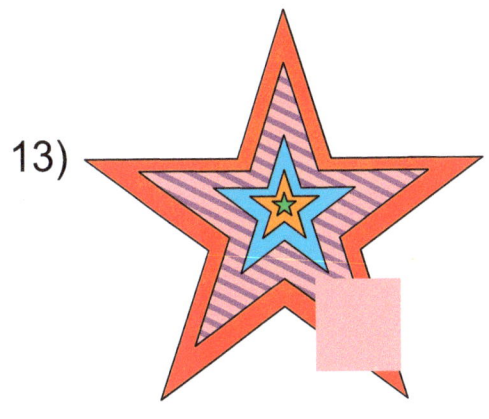

14)

GRADE - 1
Test 1

15)
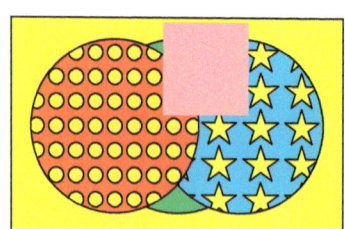

(A) ○   (B) ○   (C) ○   (D) ○

16)

(A) ○   (B) ○   (C) ○   (D) ○

NNAT REASONING BY ANALOGY

SECTION DIVIDER

TEST - 1

REASON BY ANALOGY

Ask the student to identify the relationship between the abstract geometric shapes given in the first row based on the same relationship identify the missing figure in the second row. Bubble the right option A or B or C or D

Lets Start the Test...

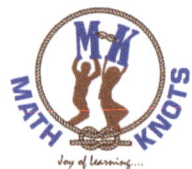

NNAT
Reasoning by Analogy

GRADE - 1
Test 1

1)
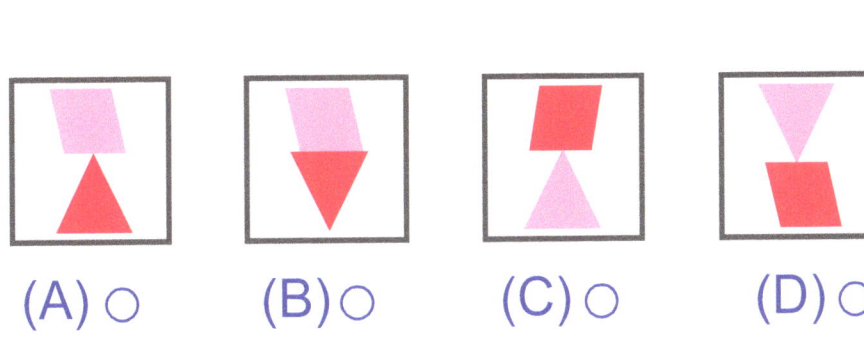

(A) (B) (C) (D)

2)
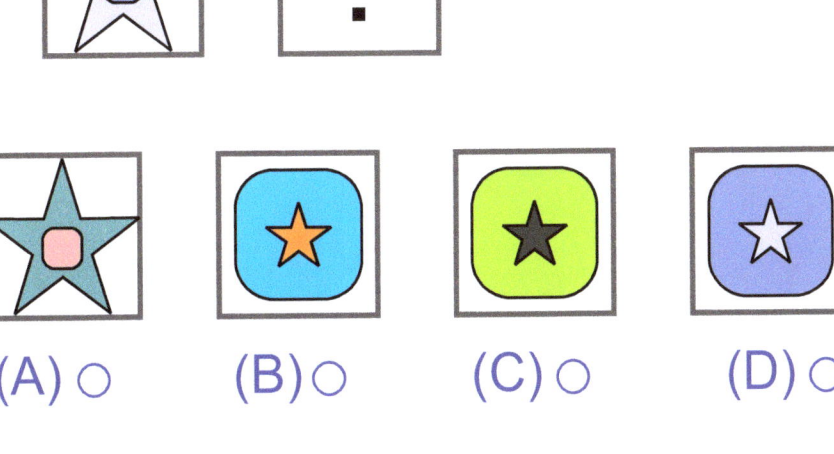

(A) (B) (C) (D)

NNAT
Reasoning by Analogy

**GRADE - 1
Test 1**

3)

(A) ○   (B) ○   (C) ○   (D) ○

4)

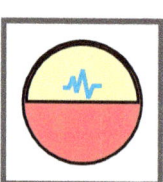 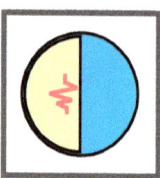

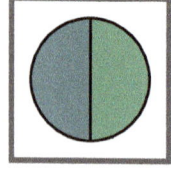 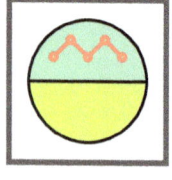 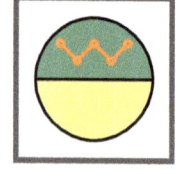 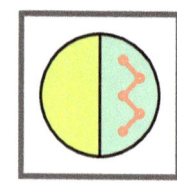

(A) ○   (B) ○   (C) ○   (D) ○

NNAT
Reasoning by Analogy

GRADE - 1
Test 1

5)

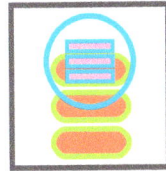 

(A)○   (B)○   (C)○   (D)○

6)

(A)○   (B)○   (C)○   (D)○

7)

(A) ○   (B) ○   (C) ○   (D) ○

8)

(A) ○   (B) ○   (C) ○   (D) ○

NNAT
Reasoning by Analogy

GRADE - 1
Test 1

9)

(A) ○   (B) ○   (C) ○   (D) ○

10)
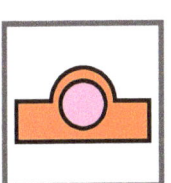 

 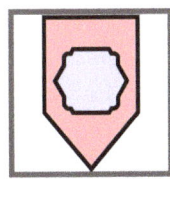 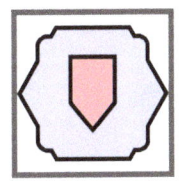 
(A) ○   (B) ○   (C) ○   (D) ○

11)

   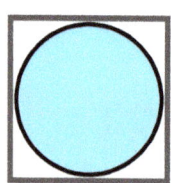

(A) ○   (B) ○   (C) ○   (D) ○

12)

 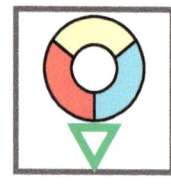  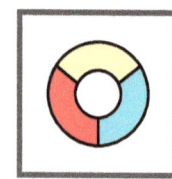

(A) ○   (B) ○   (C) ○   (D) ○

13)

(A) ○ (B) ○ (C) ○ (D) ○

14)

 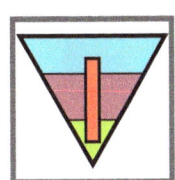

(A) ○ (B) ○ (C) ○ (D) ○

15)

 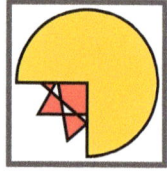  

(A) ○ (B) ○ (C) ○ (D) ○

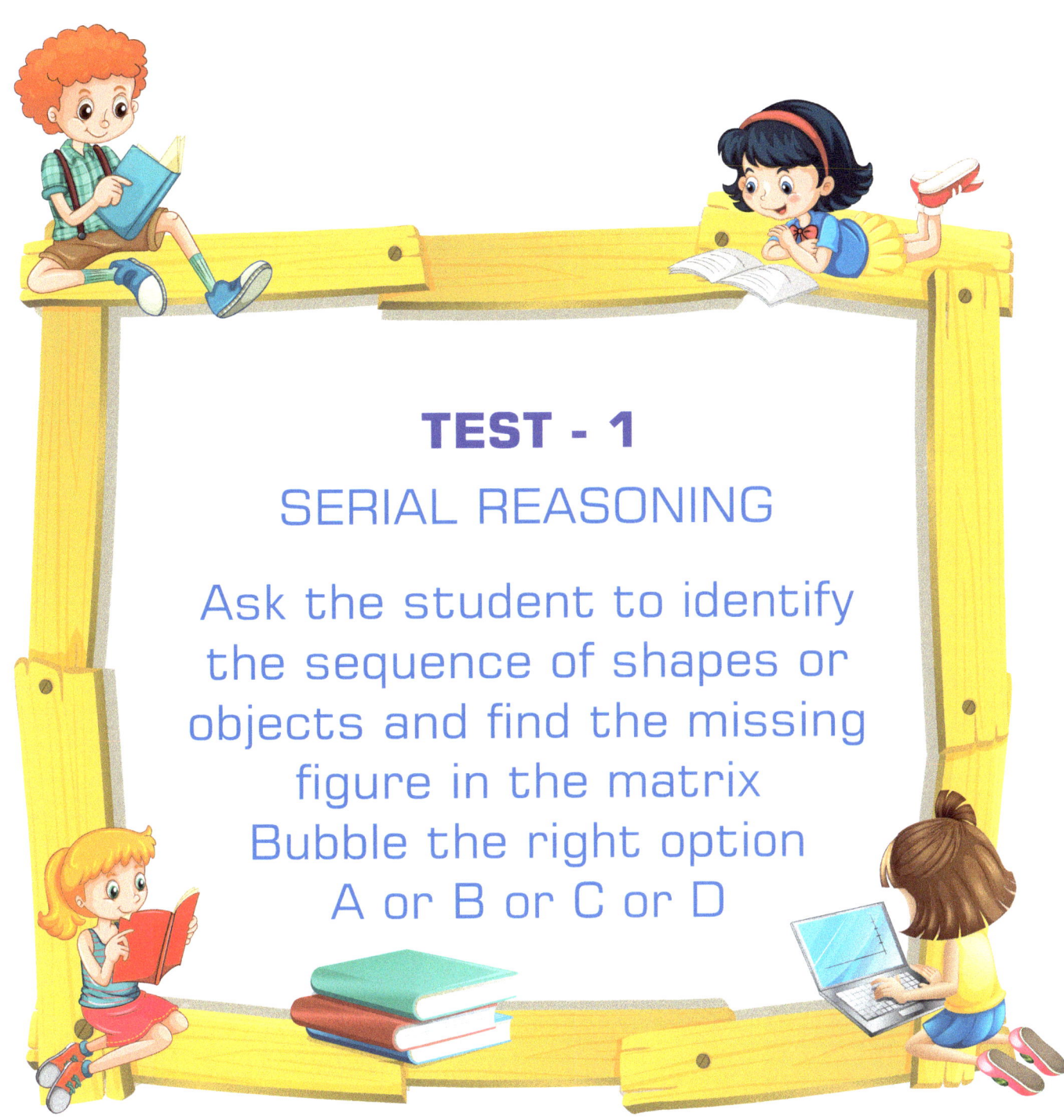

NNAT
Serial Reasoning

GRADE - 1
Test 1

1)

   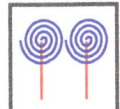      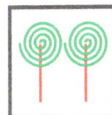
(A) ○   (B) ○   (C) ○   (D) ○

2)

(A) ○   (B) ○   (C) ○   (D) ○

©All rights reserved-Math-Knots LLC., VA-USA   www.math-knots.com

NNAT
Serial Reasoning

GRADE - 1 Test 1

3)

(A) ○   (B) ○   (C) ○   (D) ○

4)

(A) ○   (B) ○   (C) ○   (D) ○

5)

(A) ○　　(B) ○　　(C) ○　　(D) ○

6)

(A) ○　　(B) ○　　(C) ○　　(D) ○

NNAT
Serial Reasoning

GRADE - 1
Test 1

7)

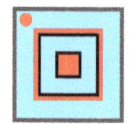      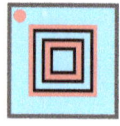   

8)

38

GRADE - 1
Test 1

9)

(A) ○   (B) ○   (C) ○   (D) ○

10)

(A) ○   (B) ○   (C) ○   (D) ○

11)

(A) ○   (B) ○   (C) ○   (D) ○

12)

(A) ○   (B) ○   (C) ○   (D) ○

13)

(A) ○   (B) ○   (C) ○   (D) ○

14)

(A) ○   (B) ○   (C) ○   (D) ○

15)

  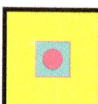

  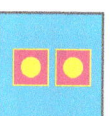 

(A)  (B)  (C)  (D)

16)

(A)  (B)  (C)  (D)

NNAT
Pattern Completion

GRADE - 1
Test 2

1)

   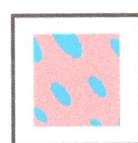      

(A) ○   (B) ○   (C) ○   (D) ○

2)

(A) ○   (B) ○   (C) ○   (D) ○

NNAT
Pattern Completion

GRADE - 1 Test 2

3)

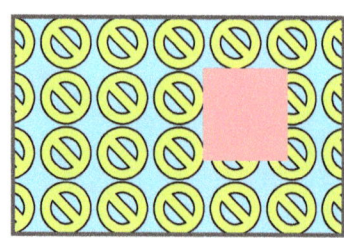

(A) ○   (B) ○   (C) ○   (D) ○

4)

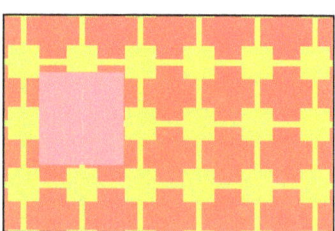

      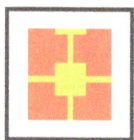   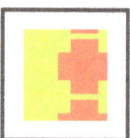

(A) ○   (B) ○   (C) ○   (D) ○

**GRADE - 1
Test 2**

5)

(A) ○   (B) ○   (C) ○   (D) ○

6)

(A) ○   (B) ○   (C) ○   (D) ○

7)

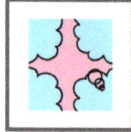   

(A) ○   (B) ○   (C) ○   (D) ○

8)

(A) ○   (B) ○   (C) ○   (D) ○

NNAT Pattern Completion

GRADE - 1 Test 2

9)

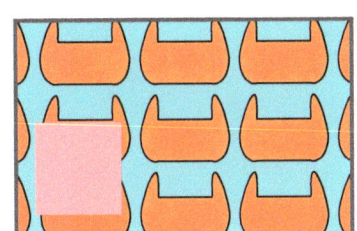

  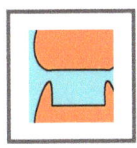 

(A) ○   (B) ○   (C) ○   (D) ○

10)

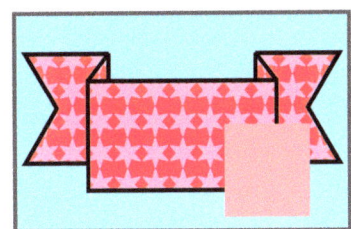

(A) ○   (B) ○   (C) ○   (D) ○

©All rights reserved-Math-Knots LLC., VA-USA   www.math-knots.com

GRADE - 1
Test 2

11)

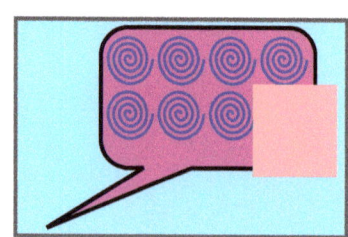

(A) ○   (B) ○   (C) ○   (D) ○

12)

      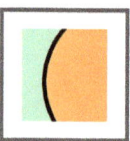   

(A) ○   (B) ○   (C) ○   (D) ○

**GRADE - 1
Test 2**

13)
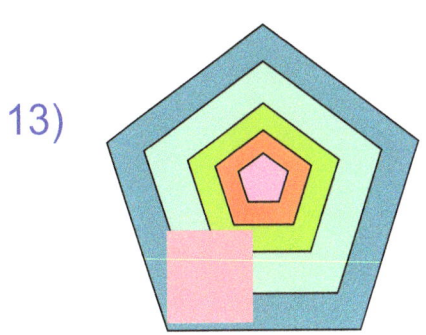

(A) ○

(B) ○

(C) ○

(D) ○

14)
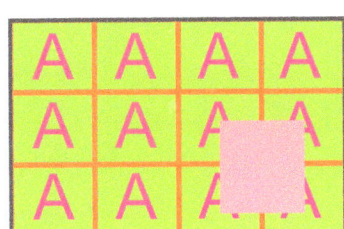

(A) ○

(B) ○

(C) ○

(D) ○

15)

16)

NNAT
Reasoning by Analogy

GRADE - 1
Test 2

1)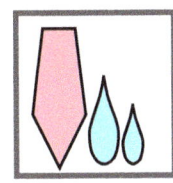

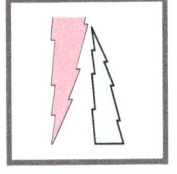  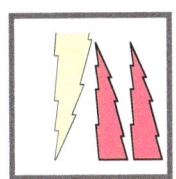 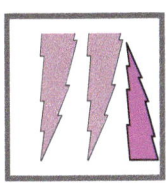

(A) ○   (B) ○   (C) ○   (D) ○

2)

(A) ○   (B) ○   (C) ○   (D) ○

NNAT
Reasoning by Analogy

**GRADE - 1
Test 2**

3)

(A) ○   (B) ○   (C) ○   (D) ○

4)

(A) ○   (B) ○   (C) ○   (D) ○

NNAT
Reasoning by Analogy

GRADE - 1
Test 2

5)

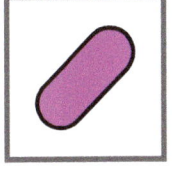 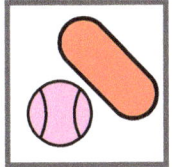 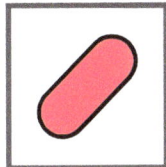 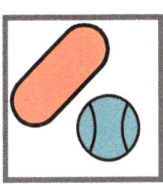

(A) ○   (B) ○   (C) ○   (D) ○

6)

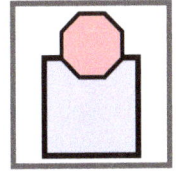 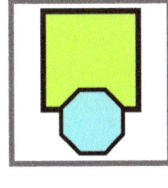 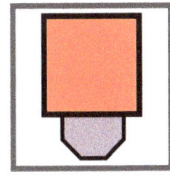 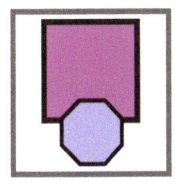

(A) ○   (B) ○   (C) ○   (D) ○

7)

(A) ○   (B) ○   (C) ○   (D) ○

8)

(A) ○   (B) ○   (C) ○   (D) ○

NNAT
Reasoning by Analogy

GRADE - 1
Test 2

9)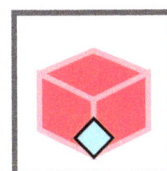

(A) ○   (B) ○   (C) ○   (D) ○

10)
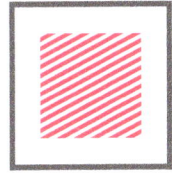 

(A) ○   (B) ○   (C) ○   (D) ○

NNAT
Reasoning by Analogy

**GRADE - 1
Test 2**

11)

(A) ○   (B) ○   (C) ○   (D) ○

12)

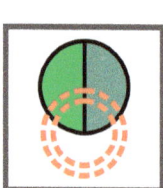 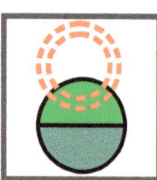

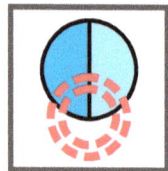 

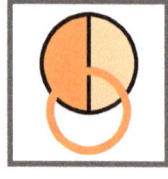 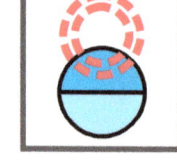 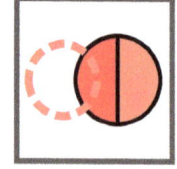 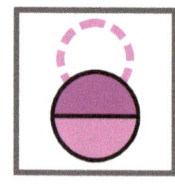

(A) ○   (B) ○   (C) ○   (D) ○

13)
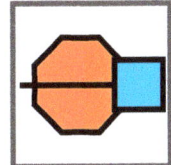 

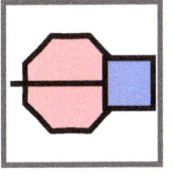 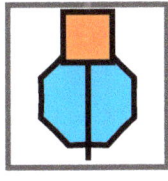 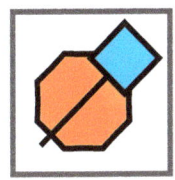 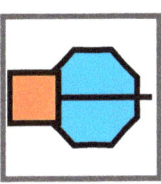

(A) ○ (B) ○ (C) ○ (D) ○

14)

(A) ○ (B) ○ (C) ○ (D) ○

15)

   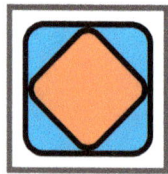

(A) ○ (B) ○ (C) ○ (D) ○

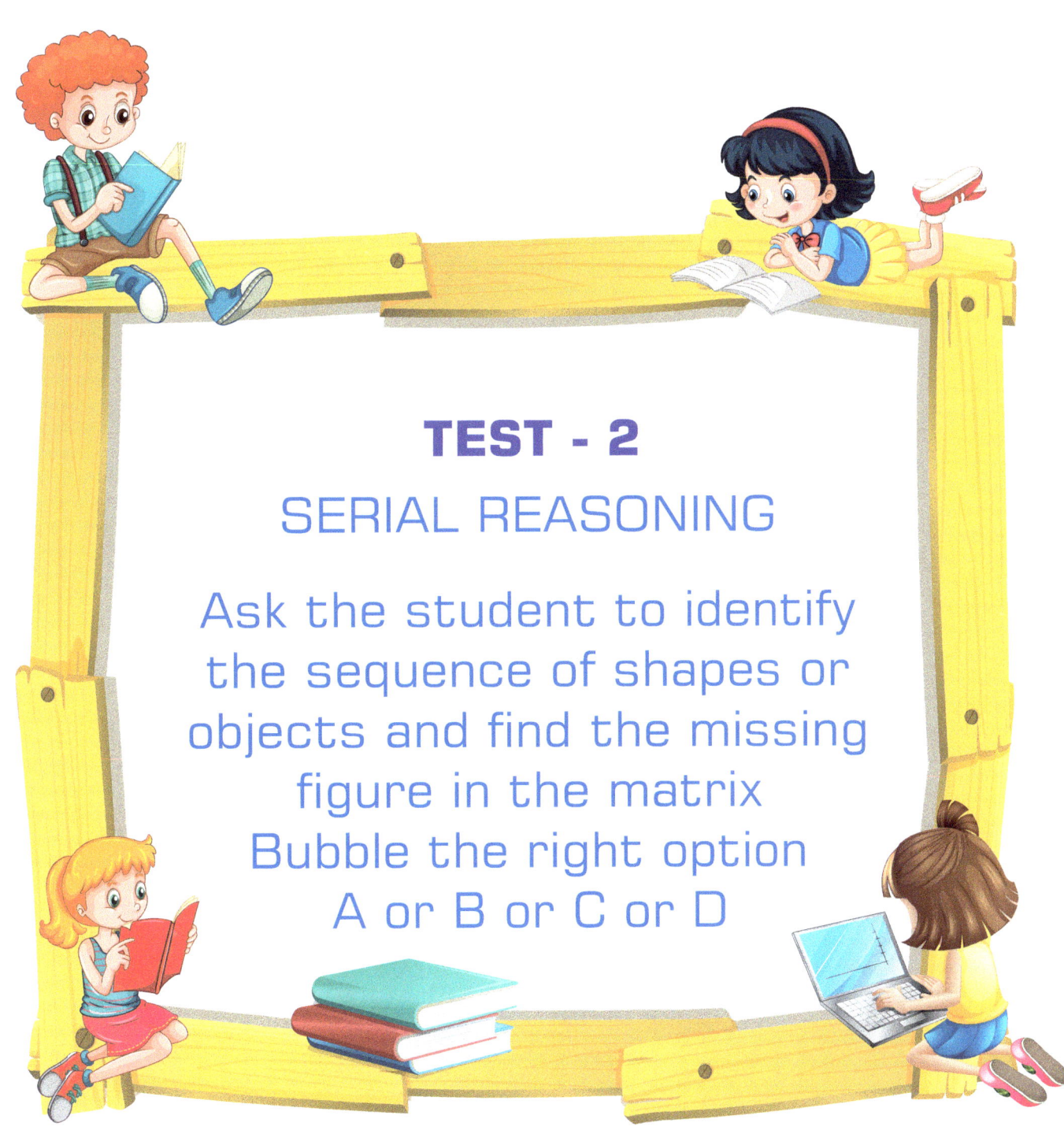

NNAT
Serial Reasoning

GRADE - 1 Test 2

1)

  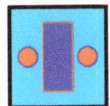

(A) ○   (B) ○   (C) ○   (D) ○

2)

(A) ○   (B) ○   (C) ○   (D) ○

3)

(A) ○   (B) ○   (C) ○   (D) ○

4)

(A) ○   (B) ○   (C) ○   (D) ○

NNAT
Serial Reasoning

GRADE - 1
Test 2

5)

(A) ○   (B) ○   (C) ○   (D) ○

6)

(A) ○   (B) ○   (C) ○   (D) ○

NNAT
Serial Reasoning

GRADE - 1 Test 2

7)

?

(A) ○ (B) ○ (C) ○ (D) ○

8)

 ?

(A) ○ (B) ○ (C) ○ (D) ○

**GRADE - 1
Test 2**

9)

(A) ○   (B) ○   (C) ○   (D) ○

10)

(A) ○   (B) ○   (C) ○   (D) ○

11)

(A) ○   (B) ○   (C) ○   (D) ○

12)

(A) ○   (B) ○   (C) ○   (D) ○

13)

(A) ○   (B) ○   (C) ○   (D) ○

14)

(A) ○   (B) ○   (C) ○   (D) ○

15)

(A)  (B)  (C)  (D)

16)

(A) (B) (C) (D)

Test 1 Answer Key

1. A

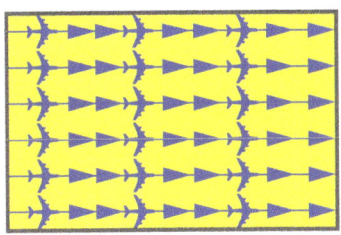

2. A

3. C

4. D

5. C

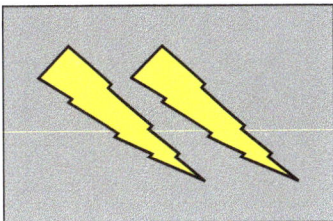

6. B

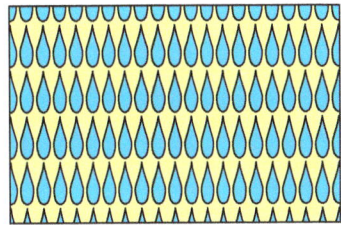

7. C

8. A

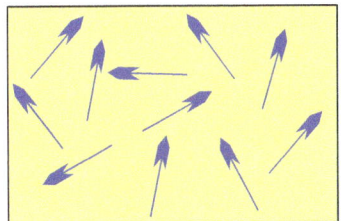

GRADE - 1
Answer Keys

Test 1 Answer Key

9. B

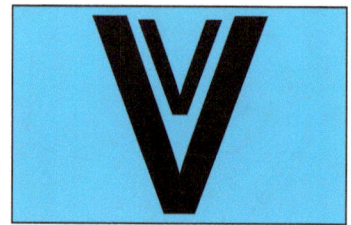

10. D

11. C

12. D

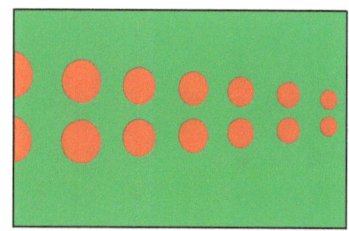

13. A

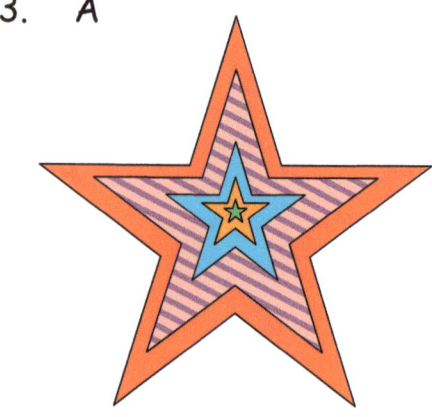

14. C

15. B

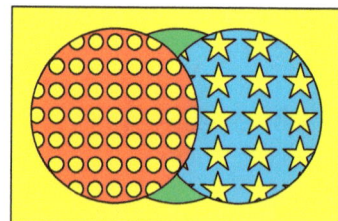

16. D

GRADE - 1
Answer Keys

Test 2 Answer Key

1. D

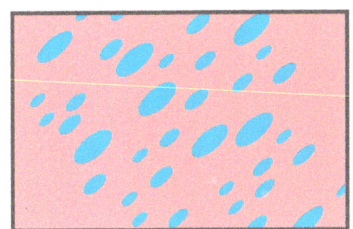

2. C

3. A

4. C

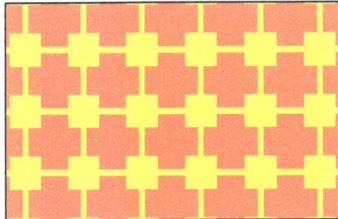

5. D

6. B

7. A

8. C

**GRADE - 1
Answer Keys**

Test 2 Answer Key

9. C

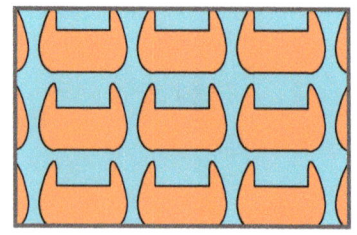

13. B

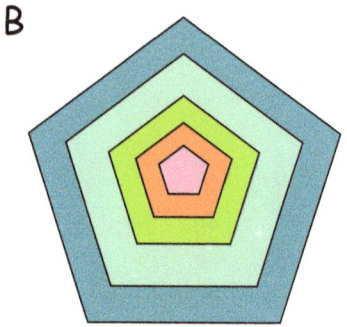

10. B

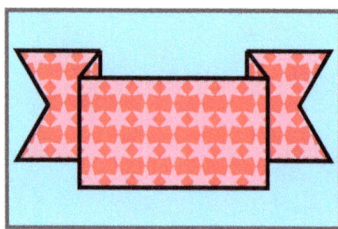

14. B

11. D

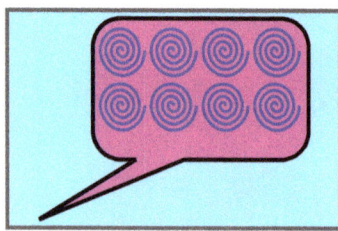

15. C

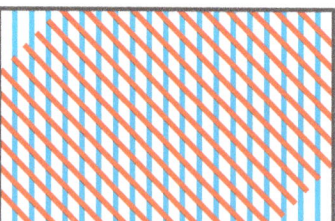

12. D

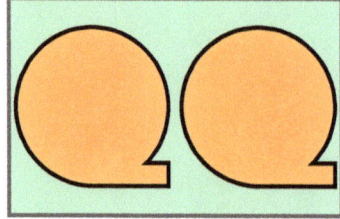

16. A

NNAT
Reasoning by Analogy

GRADE - 1
Answer Keys

Test 1	Test 2
1. C	1. B
2. D	2. A
3. A	3. C
4. C	4. D
5. B	5. D
6. D	6. B
7. B	7. C
8. A	8. A
9. C	9. C
10. D	10. D
11. A	11. C
12. C	12. B
13. A	13. D
14. D	14. A
15. A	15. A

NNAT
Serial Reasoning

GRADE - 1
Answer Keys

Test 1	Test 2
1. B	1. C
2. D	2. B
3. A	3. B
4. C	4. D
5. B	5. A
6. A	6. C
7. D	7. D
8. C	8. B
9. D	9. D
10. A	10. A
11. C	11. C
12. B	12. B
13. B	13. C
14. C	14. A
15. C	15. D
16. D	16. C

www.ingramcontent.com/pod-product-compliance
Lightning Source LLC
Chambersburg PA
CBHW051359110526
44592CB00023B/2886